Linda GOUISSEM

Métodos de incorporação de $CaCO_3$ em compósitos de PEAD

Linda GOUISSEM

Métodos de incorporação de $CaCO_3$ em compósitos de PEAD

Impacto dos métodos diretos e concentrados nas propriedades mecânicas, térmicas e de processamento

ScienciaScripts

Imprint
Any brand names and product names mentioned in this book are subject to trademark, brand or patent protection and are trademarks or registered trademarks of their respective holders. The use of brand names, product names, common names, trade names, product descriptions etc. even without a particular marking in this work is in no way to be construed to mean that such names may be regarded as unrestricted in respect of trademark and brand protection legislation and could thus be used by anyone.

Cover image: www.ingimage.com

This book is a translation from the original published under ISBN 978-620-6-72926-6.

Publisher:
Sciencia Scripts
is a trademark of
Dodo Books Indian Ocean Ltd. and OmniScriptum S.R.L publishing group

120 High Road, East Finchley, London, N2 9ED, United Kingdom
Str. Armeneasca 28/1, office 1, Chisinau MD-2012, Republic of Moldova, Europe
Managing Directors: Ieva Konstantinova, Victoria Ursu
info@omniscriptum.com

Printed at: see last page
ISBN: 978-620-8-37104-3

Agradecimentos

Antes de mais, gostaria de agradecer a Deus, o Todo-Poderoso, por me ter dado a força e a oportunidade de concluir este trabalho.

Gostaria de exprimir a minha sincera gratidão à minha família, que me acompanhou em todas as etapas do processo. Gostaria de agradecer especialmente ao meu marido, Abdelhakim, pela sua inestimável ajuda, paciência e empenhamento.

Gostaria de expressar a minha gratidão aos responsáveis da Unidade de Investigação de Materiais Emergentes e dos laboratórios do Institut d'Optique et de Mécanique de Précision por me terem dado a oportunidade de efetuar os ensaios de caraterização essenciais para este trabalho.

Conteúdo

Introdução geral

Introdução geral

É difícil acreditar na importância que os plásticos adquiriram na nossa vida quotidiana. Parece que sempre soubemos da existência destes materiais e tendemos a dar por adquirido que eles estão presentes à nossa volta todos os dias, por exemplo, nas nossas roupas, na caneta com que escrevemos, na cadeira em que nos sentamos ou na embalagem dos alimentos que comemos. Olhemos à nossa volta: quanto plástico utilizamos? Por isso, por vezes é difícil acreditar que os plásticos só estão disponíveis há cerca de um século. No entanto, durante esse tempo, o impacto que tiveram na nossa qualidade de vida e nos produtos a que temos acesso foi enorme. Os plásticos dão-nos a oportunidade de fabricar produtos muito bem concebidos e bonitos a partir dos muitos tipos de plásticos atualmente disponíveis. No domínio das tecnologias de fabrico, existe um grau muito elevado de domínio tecnológico dos plásticos e uma série de processos tecnológicos sofisticados que nos permitem fabricá-los e moldá-los de muitas formas diferentes. [1,2]

Os plásticos são inicialmente produzidos sob a forma de pós, grânulos ou cordões (como palhinhas). No entanto, raramente são utilizados no seu estado puro, mas são modificados pela adição de outros materiais que lhes conferem as suas propriedades específicas.

Neste contexto, o desenvolvimento de compósitos poliméricos com cargas minerais avançou significativamente nas últimas décadas. Estes materiais, nos quais uma matriz polimérica é reforçada com cargas minerais, destacam-se por várias razões. As suas propriedades mecânicas melhoradas tornam-nos particularmente úteis em aplicações exigentes como a indústria automóvel, a indústria aeroespacial e os bens de consumo duradouros. Além disso, as suas propriedades térmicas permitem aumentar a resistência ao calor, o que ajuda os compósitos a manter as suas propriedades mecânicas a temperaturas mais elevadas. Em termos económicos, a utilização de cargas minerais reduz frequentemente o custo global dos materiais compósitos, permitindo reduzir os custos de produção, mantendo ou mesmo melhorando o desempenho do produto final[3]. [Estes compósitos têm uma vasta gama de aplicações em muitos sectores, desde os componentes electrónicos e as embalagens até à indústria da construção e ao equipamento desportivo. A sua capacidade de serem moldados em formas complexas com um excelente acabamento superficial torna-os altamente versáteis. [4]

A investigação em curso neste domínio está a explorar novas combinações de polímeros e cargas minerais, bem como técnicas avançadas de processamento para melhorar ainda mais o desempenho dos compósitos. Estes avanços tornam os compósitos poliméricos com cargas minerais particularmente atractivos para aplicações que requerem um bom compromisso entre desempenho e custo, abrindo simultaneamente o caminho para novas inovações em materiais. [4]

$_3$Entre estes compósitos, os baseados em polietileno de alta densidade (HDPE) e carbonato de cálcio (CaCO) destacam-se pelas suas muitas aplicações em sectores como a embalagem, a construção e a indústria automóvel[5]. $_3$[5] O PEAD é conhecido pela sua força, resistência química e facilidade de processamento, enquanto o CaCO , como carga mineral, oferece vantagens como maior rigidez e custos reduzidos. [6]

$_{33}$Tradicionalmente, os compósitos HDPE/CaCO têm sido preparados utilizando um método direto em que o CaCO é misturado diretamente com o HDPE. No entanto, esta abordagem pode levar a uma dispersão desigual das partículas de $CaCO_3$ na matriz polimérica, o que pode afetar negativamente as propriedades finais do compósito. [7] Para resolver este problema, um método que está bem estabelecido na indústria é preparar um concentrado de $CaCO_3$ (Masterbatch) antes da incorporação no PEAD. Esta técnica permite um melhor controlo da dispersão das partículas de $CaCO_3$, garantindo uma distribuição mais homogénea dentro da matriz polimérica.

Neste estudo, preparámos o concentrado de $CaCO_3$ (CC) utilizando um misturador interno, especificamente um plastograma, para garantir uma dispersão inicial eficiente das partículas na matriz de HDPE. Os compósitos HDPE/CC foram também desenvolvidos num misturador interno, o que promove uma mistura homogénea e um processamento ideal do material.

O principal objetivo da nossa investigação é avaliar o impacto da incorporação de $CaCO_3$ de concentrados nas propriedades dos compósitos HDPE/$CaCO_3$. Ao comparar este método com a preparação convencional, pretendemos evidenciar potenciais vantagens em termos de propriedades mecânicas, térmicas e de processamento. Pretendemos também demonstrar a estudantes e investigadores que este método não só é eficaz, mas também digno de ser adotado nas suas futuras investigações. Os resultados deste estudo poderão assim oferecer perspectivas promissoras para a otimização de compósitos à base de HDPE e $CaCO_3$, contribuindo simultaneamente para uma redução dos custos de produção.

Esta obra está dividida em três capítulos:

O primeiro capítulo apresenta uma revisão da literatura sobre plásticos, com particular ênfase no polietileno e nas cargas de reforço, como o carbonato de cálcio, bem como uma secção dedicada às técnicas de preparação de misturas polímero/carga. O segundo capítulo descreve os materiais utilizados, os métodos de análise e as condições dos ensaios de caraterização, que são apresentados em pormenor. O terceiro capítulo analisa e discute os resultados obtidos. Finalmente, este trabalho termina com uma síntese geral e com as perspectivas abertas por este estudo.

Referências

[1] : Factos sobre Segurança Química. "*Introdução aos plásticos* [em linha]. Disponível em: <http:// plastics.americanchemistry.com/Introduction-to-Plastics> (acedido em: 7/04/2022).

[2] : N. J. MILLS. 2005, "Plastics". 3 rdEdição Ch 01, Inglaterra, Prova Final, 413 p.

[3] : M. SANGRONIZ et al. Uma revisão sobre as propriedades mecânicas e térmicas dos nanocompósitos de polímeros". Polímeros, Vol. 10, 2019, pp. 979-991.

[4] : F. P. LA MANTIA e M. MORREALE. "Benefícios económicos e ambientais dos compósitos de matriz polimérica em aplicações automóveis". Composite Structures, Vol. 92, 2010, pp. 1153-1159.

[5] : H. KIM, H. PARK e D. LEE. "Avanços em compósitos de polímeros preenchidos com partículas minerais: propriedades mecânicas, térmicas e económicas." Journal of Composite Materials, Vol. 52, 2018, pp. 2007-2021.

[6] : Abb. guia de resistência química. [em francês]. Disponível em: <https://library.e.abb.com>. (Acedido: 10/07/2024).

[7] : R. ROTHON e C. PAYNTER. "Enchimentos para aplicações de polímeros". Polímeros e Compósitos de Polímeros, Vol. 35, 2017, pp. 1203-1211.

Capítulo I: Estudo bibliográfico

Introdução

Um polímero é uma macromolécula constituída por um grande número de unidades repetitivas chamadas monómeros, ligadas entre si por ligações covalentes. Consoante a sua origem, os polímeros podem ser naturais (celulose, proteínas, ADN), derivados de polímeros naturais por modificação química, ou sintéticos, obtidos por polimerização de monómeros. [1]

Os polímeros sintéticos, vulgarmente conhecidos como plásticos, registaram um grande desenvolvimento no século XX, substituindo muitos materiais tradicionais como a madeira e o metal. Graças às suas propriedades variadas (leveza, durabilidade, facilidade de moldagem, baixo custo), tornaram-se omnipresentes na vida quotidiana e têm muitas aplicações industriais. [2]

Os polímeros são classificados em três categorias principais de acordo com as suas propriedades termomecânicas: [3]

- Elastómeros (borracha) ;
- Polímeros termoplásticos (polietileno, poliestireno, cloreto de polivinilo);
- Polímeros termoendurecíveis (resinas epoxídicas, fenoplásticos).
- As suas propriedades são influenciadas pela natureza dos monómeros, pela forma como estão ligados e pela estrutura do polímero (linear, ramificado, reticulado). A investigação atual centra-se no desenvolvimento de novos polímeros com propriedades personalizadas para satisfazer as necessidades crescentes dos consumidores. [2]

I.1 Polietileno

I.1.1 Informações gerais sobre o polietileno

O polietileno (PE) é um polímero amplamente utilizado graças às suas notáveis propriedades mecânicas, químicas e eléctricas. A sua estrutura molecular semi-cristalina resulta do alinhamento dos segmentos (CH_2-) ao longo da cadeia polimérica. Esta organização regular favorece a formação de zonas cristalinas, conferindo ao PE grande resistência e rigidez. [4]

O comprimento das cadeias de polímero é um fator crucial na determinação das propriedades do PE. Em geral, as cadeias longas favorecem a formação de estruturas cristalinas alargadas, reforçando assim o material. Inversamente, as cadeias mais curtas levam à redução da cristalinidade, conferindo maior flexibilidade e tornando o material mais macio e menos rígido. [4]

Assim, ao ajustar o comprimento das cadeias poliméricas durante o fabrico do polietileno, é possível modular as suas propriedades para satisfazer requisitos específicos, quer estes envolvam uma elevada resistência mecânica, uma maior flexibilidade ou uma combinação destas caraterísticas. [4]

A estrutura química do PE é apresentada na **Figura I.1** :

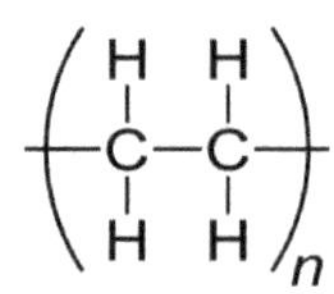

Figura I.1: Padrão de repetição do polietileno [5].

I.1.2 Síntese de polietileno de alta densidade

O polietileno de alta densidade é obtido principalmente por polimerização catalítica do etileno a baixa pressão, utilizando dois tipos de catalisadores: [6]

- Os catalisadores Ziegler-Natta, desenvolvidos na década de 1950 por Karl Ziegler. Podem ser utilizados para sintetizar PEAD linear [7, 8].
- Catalisadores de crómio (processo Phillips), desenvolvidos na década de 1950 pela Phillips Petroleum. Produzem HDPE com uma distribuição de peso molecular médio. [7, 9]

São utilizados dois processos principais de polimerização: [6]

- Polimerização em suspensão ou solução, na presença de um solvente. Este processo requer que o solvente seja removido após a polimerização.
- Polimerização em fase gasosa em leito fluidizado. Este processo mais recente permite obter reactores de maior capacidade (até 200 kt/ano) sem utilizar solventes.

O PEAD resultante tem uma estrutura linear com poucas ramificações, o que lhe confere um elevado grau de cristalinidade. Este facto confere-lhe uma grande rigidez e resistência mecânica, ao contrário dos polietilenos de baixa densidade, que são mais ramificados. [6]

I.1.3 Principais propriedades do PEAD

O polietileno de alta densidade é um polímero termoplástico amplamente utilizado pelas suas excelentes propriedades mecânicas e químicas. Tem uma elevada resistência à tração, à flexão e ao impacto, o que o torna adequado para uma variedade de aplicações que requerem resistência estrutural. Além disso, o PEAD oferece uma boa resistência à corrosão química, a vários produtos químicos e à humidade, o que faz dele o material de eleição para ambientes agressivos. É também valorizado pelas suas boas propriedades de isolamento elétrico e pela facilidade de conversão através de processos como a extrusão, a moldagem por injeção e a moldagem por sopro. [10]

Em termos de produção global, os dados mais recentes indicam que são produzidas várias dezenas de milhões de toneladas de PEAD por ano. [10]

A produção continua a crescer em resultado da procura sustentada em vários sectores industriais, incluindo a embalagem, a construção, a indústria automóvel e os produtos de consumo corrente. [10]

Tabela I.1: Principais propriedades do PEAD [11]

Propriedades	Descrição
Segurança	Não há explosão em caso de incêndio ;
Ganho de massa	30 a 50% menos peso do que outros materiais;
Liberdade de forma	Grande liberdade de forma para tirar o máximo partido do volume disponível;
Resistência ao impacto	Boa resistência ao impacto mesmo a baixas temperaturas ;
Sem corrosão	O PEAD não sofre corrosão;
Permeabilidade do combustível	Principal ponto fraco, exigindo técnicas de impermeabilização ;

Técnicas de impermeabilização	- Fluoração da superfície interna das cisternas ; - Sulfonação; - Coextrusão com outros materiais (poliamida, EVOH); - Misturas com outros polímeros.

I.1.4 Utilização de PEAD em compósitos

O polietileno de alta densidade é utilizado no fabrico de compósitos para uma variedade de aplicações: [12]

a) Coextrusão com outros materiais

O PEAD pode ser co-extrudido com polímeros como a poliamida ou o EVOH (copolímero de etileno e álcool vinílico) para impermeabilizar os reservatórios de PEAD. Embora difícil e dispendiosa, esta técnica é eficaz na redução da permeabilidade do combustível, que é o principal inconveniente do PEAD. [12]

b) Misturas com outros polímeros

A utilização de misturas de PEAD e poliamida é outro método simples, embora dispendioso e moderadamente eficaz, para melhorar a impermeabilidade. [12]

c) Compósitos de matriz termoplástica

Os compósitos com uma matriz termoplástica, como o PEAD, podem ser utilizados para fabricar peças mais complexas utilizando processos de fabrico direto, como a impregnação. O seu comportamento mecânico foi estudado e comparado com o dos compósitos de matriz termoendurecida. [13]

d) Compósitos híbridos reforçados

O PEAD pode ser utilizado na conceção de compósitos híbridos reforçados com fibras para obter um elevado desempenho mecânico. As fibras suportam a maior parte da tensão, enquanto a matriz de PEAD actua principalmente como um suporte. [14]

I.2 Despesas

I.2.1 Definição

Uma carga é qualquer composto em forma de pó, fibra ou película que é imiscível com o polímero. Quando adicionado ao polímero, melhora as propriedades mecânicas e termomecânicas do material final em que é incorporado. [15]

Estas cargas podem ser substâncias sólidas, imiscíveis, dispersas por meios mecânicos numa matriz. São introduzidas numa mistura para, entre outras coisas, reduzir o custo, melhorar as propriedades ou modificar a densidade. [16]

I.2.2 Estrutura de carga

A estrutura de uma carga é definida em diferentes escalas. Numa escala pequena, as partículas primárias aparecem como conjuntos de elementos indivisíveis. Estas partículas podem depois associar-se para formar agregados de vários tamanhos, medidos a uma escala maior. Finalmente, dependendo da natureza das interações, estes agregados podem associar-se para formar aglomerados devido a ligações fracas, muitas vezes frágeis. [17]

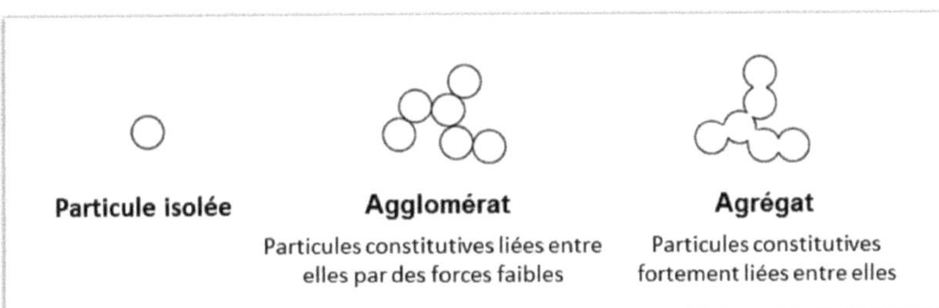

Figura I.2: Diferentes estruturas de carga [17].

I.2.3 Escolha da carga

A escolha do material de enchimento depende das propriedades exigidas no produto acabado. De um modo geral, as cargas devem satisfazer os seguintes requisitos:

- Compatibilidade com as resinas de base: não toxicidade, inércia química, ausência de coloração indesejável, estabilidade térmica, baixa absorção de água e nenhuma influência na estrutura e estabilidade do polímero;
- Boas propriedades de humidificação: óptima aderência do material de enchimento à resina;
- Uniformidade de qualidade e de granulometria ;
- Ação pouco abrasiva nas ferramentas de aplicação;

- Preço de baixo custo: exceto para aplicações específicas como a aeronáutica. [18]

I.2.4 Classificação da carga

As despesas podem ser classificadas de acordo com a sua natureza e forma:

I.2.4.1 Cargas orgânicas

É feita uma distinção entre: [19]

- Enchimentos vegetais naturais, tais como farinha de madeira, enchimentos de celulose ou farinha de algodão.
- Enchimentos sintéticos, tais como fibras de sílica e de nylon.

I.2.4.2 Enchimentos minerais

As cargas minerais são frequentemente utilizadas sob a forma de pó: giz (muito utilizado), talco, negro de fumo, sílica sintética (agente tixotrópico), mica, caulino, sulfato de bário, ferrite de bário, carbonato de cálcio (muito utilizado).

I.2.4.3 Enchimentos de reforço

A introdução de cargas de reforço, como o negro de fumo, as sílicas sintéticas, etc., é geralmente utilizada para melhorar o módulo de elasticidade, a resistência à tração, a resistência ao impacto, a dureza e a resistência à abrasão. Podem ser utilizadas para modificar as propriedades eléctricas ou também para reduzir a permeabilidade a gases e líquidos. [19]

É feita uma distinção entre: [20]

- **Enchimentos fibrosos de reforço**: destinam-se principalmente a melhorar as propriedades mecânicas ;
- **Enchimentos de reforço não fibrosos**: constituídos por partículas muito finas, como microesferas de vidro não ocas.

I.2.4.4 Novos encargos (2008)

Argila nanométrica para nanocompósitos e embalagens de garrafas.

* Cereais, incorporados até 50%, para melhorar a reciclabilidade.

* Lin, para aumentar a dureza do polipropileno. [16]

I.2.4.5 Propriedades de carga

- Elevada dureza ;
- Inércia química ;
- Índice de refração próximo do das matrizes de resina ;
- Opacidade controlada pela adição de pigmentos de dióxido de titânio (TiO_2).

O aumento da percentagem de cargas tem como efeito a melhoria das propriedades mecânicas (especialmente se o teor de carga for > 60% em volume), a redução da retração de polimerização, o coeficiente de expansão térmica, o coeficiente de absorção e a solubilidade em água.

O aumento da percentagem de cargas e a diminuição do seu tamanho tem como efeito a melhoria do acabamento superficial, o que melhora a estética e reduz a agressividade do material para o periodonto, além de aumentar a resistência do material ao desgaste. [15]

I.3 Carbonato de cálcio

É um composto inorgânico que se encontra naturalmente no calcário, no giz e no mármore. Encontra-se sob a forma de pó branco ou de cristais incolores, praticamente insolúveis em água. Este mineral é abundante na Terra, constituindo cerca de 4% da crosta terrestre. As principais fontes de carbonato de cálcio são os depósitos de restos de organismos marinhos que se depositaram no fundo do mar. Estes organismos absorvem carbonato de cálcio para formar os seus esqueletos e conchas, contribuindo para a formação de rochas como o giz, o calcário e o mármore. [21]

É um composto iónico que existe em seis formas alotrópicas diferentes: calcite, aragonite, vaterite, $CaCO_3$ mono-hidratado, $CaCO_3$ hexa-hidratado e $CaCO_3$ amorfo. [22]

As diferentes formas naturais de carbonato de cálcio, embora quimicamente idênticas, variam em termos de pureza, brancura e outras caraterísticas. Este composto é amplamente utilizado em vários domínios, nomeadamente como material de construção, na indústria alimentar para desacidificar o vinho e como aditivo alimentar. Além disso, o carbonato de cálcio é utilizado na indústria da beleza para o fabrico de cosméticos e pasta de dentes e na agricultura como fertilizante. [23]

Figura I.3: Carbonato de cálcio em pó [22].

I.3.1 Polimorfismo

O carbonato de cálcio precipitado existe em três formas: calcite, aragonite e vaterite. Estes polimorfos têm a mesma composição química mas estruturas cristalinas diferentes. A calcite é o polimorfo mais estável e encontra-se nas rochas sedimentares, enquanto a aragonite é sintetizada a alta temperatura e pressão e encontra-se nas conchas dos moluscos e nas rochas metamórficas. A vaterite é o polimorfo mais raro porque é instável em condições normais. [24]

Figura I.4: Microfotografia de $CaCO_3$ [25]

As técnicas de síntese do carbonato de cálcio incluem métodos físicos e químicos. As técnicas físicas, como a trituração mecânica, não são eficazes devido à dificuldade de obter partículas de tamanho nanométrico e morfologia regular. As técnicas químicas, como a precipitação e as emulsões, são recomendadas devido à sua facilidade de execução e ao baixo custo energético. [26]

Os métodos de precipitação envolvem geralmente a preparação de uma solução de hidróxido de cálcio seguida da sua carbonatação com bolhas de dióxido de carbono para formar $CaCO_3$. Outro método envolve a mistura de carbonato de sódio com cloreto de cálcio ou nitrato de cálcio para formar também $CaCO_3$. [27]

Os métodos de emulsão envolvem a mistura da fase orgânica com uma solução aquosa de iões de carbonato e outra solução aquosa de iões de cálcio. As emulsões simples consistem em misturar as duas soluções e agitar para obter carbonato de cálcio, enquanto as emulsões duplas consistem em misturar as duas emulsões e agitar para obter também carbonato de cálcio. Estes métodos permitem obter partículas nanométricas e vários polimorfos de carbonato de cálcio. [26-28]

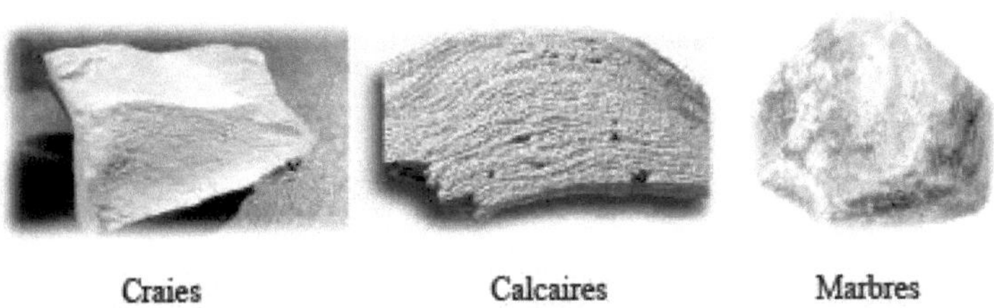

Figura I.5: Rochas naturais para extração de carbonato de cálcio [29].

Tabela I.2: Diferentes propriedades dos polimorfos de $CaCO_3$ [30]

Polimorfo	Grupo	Densidade (g/cm^3)	Hábito cristalino
Calcite	R3c	2.71	104
Aragonite	Pmcn	2.93	110, 011, 010
Vaterite	/	2.66	/

I.3.2 Domínios de aplicação

I.3.2.1 Material de vidro

O carbonato de cálcio é um dos componentes essenciais no fabrico de vidro oco, fibra de vidro, vidro ótico, lã de vidro e muito mais. Confere ao vidro uma melhor resistência ao calor, melhores propriedades mecânicas e maior resistência ao ataque químico. [31]

I.3.2.2 Agricultura

Os carbonatos de cálcio (calcário, giz, marga) e os carbonatos de magnésio (dolomite) são amplamente utilizados como corretivos do solo para corrigir a acidez do solo, melhorar a sua textura e fornecer os nutrientes óxido de cálcio (CaO) e óxido de magnésio (MgO) necessários às plantas. [31]

I.3.2.3 Géneros alimentícios de origem animal e humana

Os pós de carbonato são misturados com alimentos para animais (bovinos, suínos, aves de capoeira) devido ao seu teor de cálcio.

Na indústria alimentar humana, são utilizados em produtos de confeitaria e panificação como agentes antiaglomerantes e no fabrico de pastilhas elásticas. [31]

I.3.2.4 Indústria das tintas, da borracha e dos plásticos

Nas tintas, o carbonato de cálcio é utilizado como carga mineral para estender as resinas, ajudar a pigmentação e controlar o acabamento.

Nos plásticos, é utilizado como carga até 25% do volume, frequentemente misturado com aditivos.

Na borracha, ajuda a melhorar as propriedades mecânicas e é utilizado como diluente. [31]

I.3.2.5 Papel

O carbonato de cálcio é utilizado como carga no papel, onde representa 15 a 40% da composição. Reduz a acidez e melhora a durabilidade. [31]

I.3.2.6 Indústria química

É utilizado como matéria-prima para o fabrico de outros produtos químicos, como o carbonato de sódio e o cloreto de cálcio. É também utilizado na dessulfuração de gases industriais, no tratamento e neutralização de águas. [31]

I.3.2.7 Construção / Obras públicas

Sob a forma de cargas (pós <80μm), os carbonatos são utilizados no asfalto, nas misturas rodoviárias, no betão, etc. Melhoram as propriedades mecânicas e a coesão. Melhoram as propriedades mecânicas e a coesão. [32]

I.3.2.8 Produtos farmacêuticos e cosméticos

Sob a forma de pós muito finos e puros (>98% $CaCO_3$), são utilizados como excipientes em medicamentos, pastas de dentes, cosméticos, etc.

$_3$Os utilizadores, especialmente no sector público, exigem geralmente um carbonato de cálcio com pelo menos 95% de CaCO , com uma brancura de 80 a 98% dependendo da utilização, um teor de humidade variável e uma granulometria adequada. [31]

I.4 Compósitos

Os compósitos são materiais constituídos por duas ou mais fases distintas, cujas propriedades combinadas são melhores do que as dos componentes individuais considerados separadamente. Estes materiais são concebidos para obter propriedades específicas e otimizar o desempenho para várias aplicações industriais. Os compósitos são utilizados em muitos domínios, como o aeroespacial, o automóvel, a construção e o equipamento desportivo. [33]

I.4.1 Tipos de compósitos

I.4.1.1 Compósitos de matriz metálica (MMC)

As MMC utilizam uma matriz metálica reforçada com fibras ou partículas para melhorar as propriedades mecânicas e a resistência térmica. [34,35]

I.4.1.2 Compósitos de matriz cerâmica (CMC)

Os CMC utilizam uma matriz cerâmica, reforçada para melhorar a resistência ao choque térmico e mecânico. [34,35]

I.4.1.3 Compósitos de matriz polimérica (PMC)

As CMP utilizam uma matriz polimérica, reforçada com fibras ou cargas para melhorar as propriedades mecânicas, térmicas e outras. [34,35]

I.4.1.4 Aplicações CMP

Os compósitos de matriz polimérica são os mais utilizados devido ao seu peso leve, custo relativamente baixo e facilidade de processamento. São geralmente constituídos por uma matriz polimérica reforçada com fibras (como as fibras de vidro, de carbono ou naturais) ou cargas (como partículas minerais). [36]

a. Vantagens da CMP

1. Propriedades melhoradas: aumento da rigidez, da resistência à tração e da estabilidade térmica. [37]

2. **Redução de custos**: As cargas minerais podem reduzir o custo global dos materiais. [37]

3. **Personalização**: Ajuste das propriedades do material para satisfazer requisitos específicos. [37]

4. **Ecologia**: A utilização de fibras naturais e de cargas minerais pode melhorar a durabilidade e reduzir a pegada de carbono. [37]

b. Tipos de cargas utilizadas para a CMP

Os compósitos de matriz polimérica utilizam diferentes tipos de reforço para melhorar as suas propriedades. Estes incluem cargas minerais como o carbonato de cálcio, talco, caulino e sílica. Os reforços fibrosos incluem fibras de vidro, fibras de carbono e fibras naturais como o cânhamo, a juta e o sisal. São também utilizadas nanopartículas como os nanoclays e os nanotubos de carbono. Por último, são adicionados aditivos funcionais, como estabilizadores UV, antioxidantes, retardadores de chama e plastificantes, para otimizar o desempenho destes compósitos. [38]

c. Técnicas de preparação de CMPs com enchimento mineral

❖ **Mistura por fusão ou mistura direta**

As cargas minerais são misturadas diretamente com o polímero fundido numa extrusora ou num misturador interno antes do processo de moldagem ou extrusão. Este método simples e eficaz assegura que as cargas estão bem dispersas. [39]

❖ **Masterbatch**

Um masterbatch é um concentrado de cargas minerais dispersas numa pequena quantidade de polímero. Este concentrado é depois misturado com o polímero principal durante o processo de moldagem ou extrusão. Esta técnica assegura uma dispersão homogénea das cargas minerais, facilita a dosagem precisa e melhora a qualidade do compósito final. [40]

❖ **Mistura em solução**

As cargas minerais são dispersas numa solução de polímero. O solvente é então evaporado para formar o compósito. Esta técnica é adequada para polímeros solúveis que são difíceis de misturar no estado fundido. [39,41]

- **Mistura por via sólida**
  - Mistura de pós a seco antes da fusão;
  - Método simples e económico.
- **Mistura de emulsões**
  - Dispersão numa fase líquida, depois coagulação e secagem;
  - Útil para cargas finas.

I.4.2 Técnicas de preparação de masterbatches

Os masterbatches podem ser preparados por : [42]

1. **Extrusora**: A técnica mais utilizada é a extrusão de parafuso único ou de parafuso duplo, em que as cargas e o polímero são misturados a alta temperatura e sob cisalhamento numa extrusora. Este método é particularmente adequado para a produção em grande escala.
2. **Misturador interno**: Esta é a segunda opção para a preparação de Masterbatches, em que a mistura tem lugar numa câmara fechada sob elevadas forças de cisalhamento. Esta técnica é utilizada para misturas que requerem uma dispersão fina e homogénea. É adequada para polímeros viscosos e formulações complexas.
3. **Misturador de alta velocidade:** Realiza uma pré-dispersão rápida antes da fusão, oferecendo um método rápido e económico.
4. **Mistura a seco**: Mistura simples de pós a seco. É utilizada para pré-misturas antes do tratamento térmico.

Referências

[1] : AquaPortail. "Polímero". [online]. Disponível em: <www. aquaportail.com> (Acedido: 16/05/2024).

[2] : D. DOLATKHANI. "O que é um polímero? [online]. Disponível em: <https://polymerexpert.fr>. (Acessado em 16/05/2024).

[3] : StudySmarter. "Polímeros: definição, tipos e propriedades. [online]. Disponível em: <https://www.studysmarter.fr> (Acedido: 16/05/2024).

[4] : Matechplas. "Polietileno (PEAD). [on line]. Disponível em: <www.matieres techniques-plastiques.com>. (Acesso em: 20/05/2024).

[5] : Alamy. "Polietileno de alta densidade (HDPE)." [online]. Disponível em: <www.alamy.fr>. (Acedido: 05/02/2024).

[6] : C. PENU. "Polietileno de alta densidade PE-HD: fabrico". [em linha]. Techniques de l'Ingénieur. Disponível em: <www.techniques-ingenieur.fr>. (Acesso em: 20/05/2024).

[7] : R. DOSSOGNE. "PEAD. A 3315. Techniques de l'Ingénieur Paris, 1995, pp. 2-10.

[8] : J. A. BRYDSON, "Plastics materials. 7 ème Edição, Ed. Butterworth-Heinemann, Londres, 1999.

[9] : T. SENNINGER. "Catálise de polimerização. [em linha]. Techniques de l'Ingénieur. Disponível em: <www.techniques-ingenieur.fr>. (Acesso em: 21/05/2024).

[10] : Statista. "Capacidade de produção global de PEAD por país em 2021". [online]. Disponível em: <www.statista.com>. (Acesso em: 04/07/2024).

[11] : A. VIVET. "Reforço de matrizes poliméricas e materiais compósitos por nanopartículas", tese de doutoramento. Universidade de CAEN Basse, Normandie, 2012, 136 p.

[12] : R. DOSSOGNE. "Polietileno de alta densidade PE-HD. [em linha]. Disponível em: < https://fr.scribd.com>. (Acedido em : 21/05/2024).

[13] : J. AUCHER. "Estudo comparativo do comportamento dos compósitos de matriz termoplástica e termoendurecível". Mécanique, Paris: Ecole Doctorale SPMII, 2009.

[14] : E. TOSSOU. "Desenvolvimento de novos compósitos híbridos reforçados com fibras de carbono e de linho: implementação e caraterização mecânica", tese de doutoramento, Universidade de CAEN, Normandia, Paris, 2019.

[15] : F. MESSAI. "Efeito da taxa de agente de tratamento de superfície e da

contabilidade nas propriedades dos compósitos de matriz termoplástica/carbonato de cálcio". Tese de mestrado, Universidade Ferhat ABBAS, Sétif, 2015. 228 p.

[16] : Materiais. "Carga. [no prelo]. Disponível em: <http://fr.wikipedia.org> (Acesso em: 30/03/2020).

[17] : N. JOUAULT. "Nanocompósitos de sílica/polímero: estrutura da carga, reforço mecânico, conformação da cadeia e evolução sob deformação". Tese de doutoramento, Universidade de Bretagne-Sud, Paris, França, 2009, 277 p.

[18] : C. NAUDIN e C. CLOZZA. "Cargas". [em francês]. Disponível em: <www.techniques- ingenieur.fr> (Consultado em : 22/04/2022).

[19] : F. ZOUKRAMI. "Comportamento reológico e propriedades termofísicas, mecânicas e microscópicas de polímeros preenchidos em relação à interface e ao tamanho das partículas". Tese de doutoramento, Universidade Ferhat ABBAS, Sétif, Argélia, 2009, 197 p.

[20] : L. ZIADI. "Modificação química da farinha de madeira através da adição de um agente de acoplamento: polipropileno modificado por anidrido maleico PP-g-MA." Tese de doutoramento, Universidade Abou al Kacem Saadallah, Argel, Argélia, 2004, 224 p.

[21] : Elémentarium, "Carbonato de cálcio" [em linha]. [em linha]. Disponível em: <https://lelementarium.fr>. (Acedido: 11/05/2024).

[22] : B.D. EIRASA e L. A. PESSANB. "Propriedades mecânicas de nanocompósitos de polipropileno/carbonato de cálcio". Materials Research, Vol.12, 2009. pp. 517-522.

[23] : Grupo PCC. "O que é o carbonato de cálcio e para que é utilizado?" [em linha]. Disponível em: <www.products.pcc.eu/fr>. (Acedido: 11/05/2024).

[24] : B. ROMULAD. "Nanopartículas de carbonato de cálcio". Tese de doutoramento, Université de Laval, Québec, Canadá, 2010, pp. 189.

[25] : Alamy. 3"Aragonite carbonato de cálcio CaCO ." [online]. Disponível em: <www.alamyimages.fr>. (Acedido: 04/06/2024).

[26] : L. XIANG et al. "Influência dos aditivos químicos na formação de carbonato de cálcio superfino". Powder Technology, Vol. 126, 2002, pp. 129-133.

[27] : S. H. WEI et al. "Carbonato de cálcio de elevada área superficial: propriedades estruturais dos poros e caraterísticas de sulfatação". Engineering Chemistry Research, Vol. 36, 1997, pp. 2141-2148.

[28] : T. HIRAI et al. Síntese biomimética de partículas de carbonato de cálcio numa emulsão dupla pseudo-vesicular". Langmuir, Vol. 13, 1997, pp. 6650-6653.

[29] : França Minéraux. "Caraterísticas da pedra de mármore. [online]. Disponível em: <www.france-mineraux.fr>. (Acedido: 04/06/2024).

[30] : T. KATO, A. SUGAWARA, e N. HOSODA. "Materiais híbridos orgânicos de carbonato de cálcio". Advanced Materials, Vol. 14, pp. 869-877.

[31] : A. BELGHOUL e A. BOUACHA. "Contribution à la valorisation des carbonates de calcium", Mémoire d'Ingénieur, Ecole nationale polytechnique, Constantine, Algeria, 2018, 269 p.

[32] : N. POKORNIK. "Carbonato de cálcio na indústria do betão". [em linha]. Disponível em: <https://noahchemicals.com>. (Acesso em: 04/06/2024).

[33] : W. D. CALLISTER e D. G. RETHWISCH. "Compósitos: propriedades, benefícios e aplicações industriais". Ciência e Engenharia de Materiais, Vol. 12, 2014, pp. 264-272.

[34] : B. HACHEMANE "Análise experimental do comportamento mecânico de um material compósito sujeito a uma carga de impacto". Tese de doutoramento, Universidade M'hamed Bougara, Boumerdes, Argélia, 2013, pp. 146.

[35] : L. GENDRE. (2011), "As grandes famílias de materiais compósitos". Paris, Edition Cachan.

[36] : M. J. JOHN e S. THOMAS. "Compósitos de matriz polimérica: leveza, custo e facilidade de processamento". Carbohydrate Polymers, Vol. 71, 2008, pp. 343-364.

[37] : K. JAYARAMAN e D. BHATTACHARYYA. "Mechanical performance of woodfibre-waste plastic composite materials". Applied Composite Materials, Vol. 11, 2004, pp. 343-364.

[38] : K. VARAPRASAD et al. "Síntese e caraterização de compósitos de hidrogel-nanopartículas de prata-curcumina para curativos de feridas e aplicação antibacteriana". Journal of Applied Polymer Science, Vol. 115, 2010, pp. 1199-1207.

[39] : P. KAUSHIK e T. SABU. "Nanocompósitos de matriz polimérica, processamento, fabrico e aplicação: uma visão geral". Advanced Materials Reviews, vol. 1, 2019, pp. 1900-1915.

[40] : L. MASCIA et al. "Tecnologia de masterbatch para adição de carga no processamento de polímeros: uma revisão." Polymers, vol. 9, 2017, pp. 269-276.

[41] : T. SABU, J. KURUVILLA e J. S. K. MALHOTRA. "Compósitos de polímeros". Macro- and Microcomposites, Vol.1, 2012, pp. 283-291.

[42] : K. Preparação de masterbatches: uma visão geral. Tecnologia e materiais de polímeros e plásticos". Vol. 57, 2018, pp. 535-555.

Capítulo II: Metodologia experimental

II.1 Materiais utilizados

II.1.1. Polietileno de alta densidade

O SABIC® HDPE F00952 destaca-se como um copolímero HDPE avançado, concebido especificamente para extrusão de película soprada. A sua combinação única de caraterísticas torna-o ideal para aplicações exigentes: [1]

- Excelente extrudabilidade devido ao seu elevado peso molecular e ampla distribuição molecular, garantindo uma fácil conversão em filmes soprados;
- Películas rígidas de alta resistência e alta densidade, ideais para sacos de compras duradouros, películas de embalagem para serviços pesados e revestimentos de sacos com várias paredes;
- Presença de antioxidantes para melhorar a longevidade dos produtos acabados, retardando a degradação e preservando a integridade da película;

Para além das suas excelentes propriedades, o SABIC® HDPE F00952 oferece benefícios adicionais: [1].

- Fácil processamento e impressão da película para gráficos nítidos e atractivos;
- Conversão para equipamento HMW-HDPE (polietileno de alta densidade de peso molecular padrão), sem grandes modificações, simplificando a integração nos processos existentes;
- Temperaturas de fusão adaptadas (entre 200 e 235°C) para uma produção eficiente e com poupança de energia;
- As excelentes propriedades da película (medidas em película soprada de 15 µm) garantem um desempenho ótimo em termos de resistência, rigidez e durabilidade.

Tabela II.1: Principais caraterísticas do PEAD **[1].**

Propriedades	Valores	Unidades	Métodos de ensaio
Propriedades dos polímeros			
Índice de fluidez			

A 190°C e 2,16 kg	0.07	g/10min	ISO 1133
A 190°C e 21,6Kg	8.5	g/10min	ISO 1133
Densidade	950	g/cm^3	ISO 1133
Propriedades da película			
Resistência ao choque	32	kJ/m^2	ASTM D4272
Ensaio de tração da película			
Resistência ao escoamento MD	30	MPa	ISO 527-3
Stress na rutura TD	50	MPa	ISO 527-3
Stress de separação MD	40	MPa	ISO 527-3
Resistência à tração TD	400	%	ISO 527-3
Resistência à tração MD	300	%	ISO 527-3
Módulo de elasticidade TD	620	MPa	ISO 527-3
Módulo de elasticidade MD	620	MPa	ISO 527-3

II.1.2. Carbonato de cálcio

Omyalite 90T é um pó fino de carbonato de cálcio tratado com ácido esteárico, concebido para melhorar o desempenho do produto numa grande variedade de aplicações. A sua composição química confere-lhe propriedades notáveis, tais como a brancura, a opacidade e a compatibilidade com vários polímeros. [2]

Este produto actua como um enchimento eficaz, aumentando a rigidez, resistência à tração e resistência à flexão dos materiais, enquanto reduz os custos de produção. A Omyalite 90T é particularmente útil no fabrico de películas e sacos de plástico, tubos e acessórios, peças para automóveis, materiais de construção, cosméticos, tintas e revestimentos, colas e vedantes e produtos de borracha. [2]

As suas propriedades anti-estáticas, retardadoras de chama e de reforço fazem dele o aditivo de eleição para otimizar o desempenho dos produtos acabados. Amigo do ambiente e biodegradável, o Omyalite 90T faz parte de uma abordagem responsável e sustentável. [2]

Tabela II.2: Caraterísticas do carbonato de cálcio [2].

Forma de apresentação	Pó
Cor	Blanche
pH	8.0
Temperatura de fusão	800° C
Densidade relativa	^{3}2,93 g/cm a 25°C
Hidrossolubilidade	Insolúvel

II.2 Metodologia de trabalho

II.2.1. Medição da densidade aparente do $CaCO_3$

A densidade compactada, ou densidade aparente após compactação, corresponde à massa de um material granular ou pulverizado dividida pelo seu volume após compactação[3]. [3] É medida nas seguintes etapas:

- ✓ Coloca-se um grama da amostra numa proveta graduada.
- ✓ A amostra é batida verticalmente para compactar o material, reduzindo os espaços vazios entre as partículas.
- ✓ Uma vez concluída a batida, o volume de material compactado é lido diretamente no tubo de ensaio.
- ✓ A densidade na torneira é então calculada dividindo a massa (1 grama) pelo volume na torneira lido.

Nota: *A densidade aparente medida é de 1,25 g/cm³.*

II.2.2. $_3$Preparação de compósitos HDPE/CaCO pelo método direto e pelo método

$_3$M étodo do concentrado de CaCO (masterbatch)

- **Misturador interno (Plastograph)**

O plastograma, ou reómetro de binário, desempenha um papel importante no estudo das propriedades de processamento dos polímeros. A sua especialização reside na monitorização precisa da fusão de misturas plásticas, fornecendo dados valiosos sobre o seu comportamento durante os processos de fabrico. [4]

Figura II.1: Fotografia do plastograma Brabender

Ao medir o binário aplicado, o plastograma fornece uma curva caraterística rica em informações (Fig. II.1). O tempo de fusão, o binário máximo, o binário mínimo e o patamar de estabilidade fornecem informações sobre a velocidade de fusão, a resistência do polímero sólido, a sua viscosidade e o seu comportamento no estado fundido, respetivamente. [4]

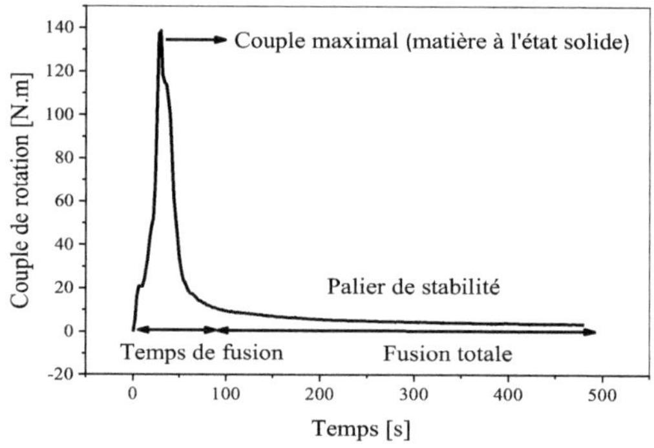

Figura II.2: Aspeto geral de um plastograma

Os compósitos HDPE/$CaCO_3$ foram preparados utilizando duas abordagens distintas: o método convencional e o método que utiliza um concentrado de carga (masterbatch).

No método convencional, o HDPE é primeiro fundido no plastográfico. Uma vez atingido o estado fundido, a carga de $CaCO_3$ é adicionada à matriz polimérica, e a mistura é efectuada numa câmara fechada. Em contraste, o método masterbatch baseia-se na preparação prévia de um concentrado de $CaCO_3$, obtido através da mistura de uma grande quantidade de carga com uma pequena quantidade de HDPE. Este concentrado é então misturado com HDPE puro em quantidades apropriadas para atingir as concentrações de $CaCO_3$ desejadas.

Ambos os métodos utilizam as mesmas condições de funcionamento: uma temperatura de 220°C, uma velocidade do rotor de 40 rpm, um tempo de mistura de 10 minutos e um volume de câmara de 55 cm^3. O lote foi previamente vaporizado a 100°C durante 24 horas.

II.2.2.1. 3Preparação de misturas PEAD/CaCO pelo método direto

Quatro composições de misturas de PEAD/$CaCO_3$ foram preparadas com base nas porcentagens de volume dos componentes, calculadas em relação ao volume total da câmara do plastograma (55 cm^3). Nesta abordagem, o volume é distribuído de forma que, por exemplo, para uma mistura de 95% de PEAD e 5% de $CaCO_3$, 95% do volume é ocupado pelo PEAD e 5% pelo $CaCO_3$. As massas correspondentes de cada componente foram determinadas tendo em conta as respetivas densidades, de modo a preencher completamente o volume da câmara.

Tabela II.3: Composições das misturas PEAD/$CaCO_3$

Percentagem em volume	Peso do PEAD	3 M assa de CaCO
100 (%)	44 g	_
95 (%)	41.8 g	3.44 g
90 (%)	39.6 g	6.75 g
85 (%)	37.4 g	10.31 g
80 (%)	35.2 g	13.75g

[3]***Nota:*** *A massa exacta de PEAD necessária para encher a câmara do plastograma de 55 cm ( ) é de 44 g.*

II.2.2.2. Preparação de misturas HDPE/$CaCO_3$ pelo método de concentrado de $CaCO_3$ (CC)

1. Preparação do concentrado de $CaCO_3$ (CC)

0- É introduzida no plastograma uma massa (m) de PEAD.

- Após a fusão, o $CaCO_3$ é adicionado gradualmente até ser atingido o ponto de saturação, ou seja, quando o HDPE já não consegue absorver $CaCO_3$, deixando um excesso não absorvido.

- O excesso de $CaCO_3$ é removido com uma escova macia e, em seguida, o produto final (HDPE/$CaCO_3$) é pesado. Esta massa é anotada (m_x).

- Para determinar a massa exata de $CaCO_3$ adicionado, m_0 deve ser subtraído de m_x.

- Finalmente, calcula-se a percentagem em massa de HDPE e $CaCO_3$.

- O concentrado de $CaCO_3$ preparado contém 30% de HDPE e 70% de $CaCO_3$.

2. 3 Preparação de compósitos HDPE/CaCO a partir de concentrado (CC)

Esta tabela apresenta as quantidades de concentrado de $CaCO_3$ (CC) e de polietileno de alta densidade (PEAD) puro necessárias para a preparação de compósitos PEAD/CC, tendo em conta concentrações específicas de $CaCO_3$. São efectuados cálculos para garantir que a massa total obtida preenche a câmara do plastograma, respeitando as respectivas densidades dos dois componentes. Os compósitos são preparados no mesmo plastográfico utilizado para a preparação dos compósitos HDPE/$CaCO_3$ pelo método direto, nas mesmas condições de temperatura e velocidade do rotor.

Tabela II.4: Quantidades de CC e PEAD necessárias para a preparação dos compósitos PEAD/$CaCO_3$ a várias concentrações de $CaCO_3$, tendo em conta as densidades do PEAD (0,8 g/cm^3) e do $CaCO_3$ (1,25 g/cm^3).

Concentração desejada de $CaCO_3$ (%)	Peso da ficha CC (g)	Massa de $CaCO_3$ contida na CC (g)	Massa de PEAD contida no CC (g)	Massa de PEAD puro adicionado (g)
5	4.92	3.44	1.48	41.8
10	9.83	6.88	2.95	39.6
15	14.75	10.31	4.44	37.4
20	19.64	13.75	5.89	35.2

Nota: *Por exemplo, a primeira linha da tabela indica que devem ser utilizados 4,92 g de concentrado, contendo 3,44 g de $CaCO_3$ e 1,48 g de PEAD, e depois misturados com 41,8* *g de PEAD puro para obter uma mistura final composta por 95% de PEAD e 5% de $CaCO_3$, preenchendo assim o volume total de 55 cm^3.*

II.3 Técnicas de caraterização

II.3.1. Medição do índice de fluidez

O índice de fluidez da massa fundida foi medido para avaliar a fluidez da massa fundida. 3Foi utilizado um Fluidímetro Controlab, modelo 5, para examinar o impacto da incorporação de CaCO nas propriedades reológicas do HDPE. Os testes foram efectuados de acordo com a norma ISO 1133 (190°C, 21,16 kg), após secagem de todas as amostras a 100°C durante 24 horas.

Figura II.3: Fotografia do fluidímetro

O índice de fluidez é determinado pela seguinte fórmula:

$$SE\ (M, T) = 600\ \frac{m}{t} \qquad \text{(Eq. 1)}$$

Com : IF: Índice de fluidez (g/10min) ;

M : carga nominal (kg) ;

T: temperatura de ensaio (°C) ;

600 é o tempo de referência (s) ;

m: massa média dos extrudados obtidos (g) ;

t: intervalo de tempo entre os dois cortes de um extrudado (s).

II.3.2. Espectroscopia de infravermelhos com transformada de Fourier (FTIR)

A espetroscopia de infravermelho (FTIR) pode ser utilizada para identificar os grupos funcionais presentes no compósito, possibilitando a verificação da compatibilidade química entre o polietileno de alta densidade (PEAD) e o carbonato de cálcio ($CaCO_3$). As análises foram realizadas utilizando um aparelho QATR-S. Os filmes para os ensaios de FTIR foram obtidos por compressão em uma prensa hidráulica manual fabricada pela Polylab, a uma temperatura de 200°C, sob uma pressão de aproximadamente 2 toneladas durante 4 minutos. O processo envolveu 2 minutos de pré-aquecimento seguidos de 2 minutos de compressão, com desgaseificação manual efectuada quatro vezes.

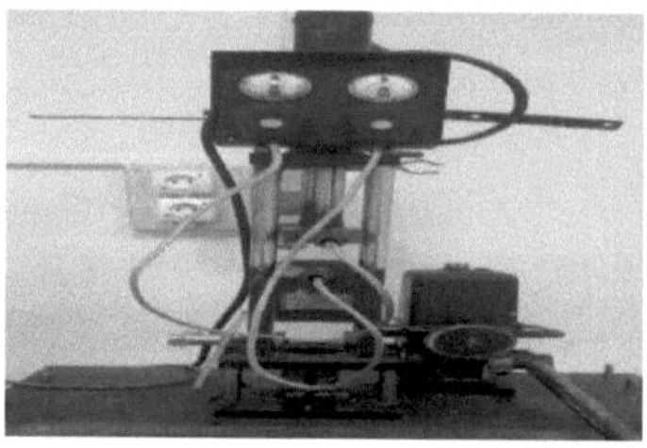

Figura II.4: Fotografia da prensa hidráulica

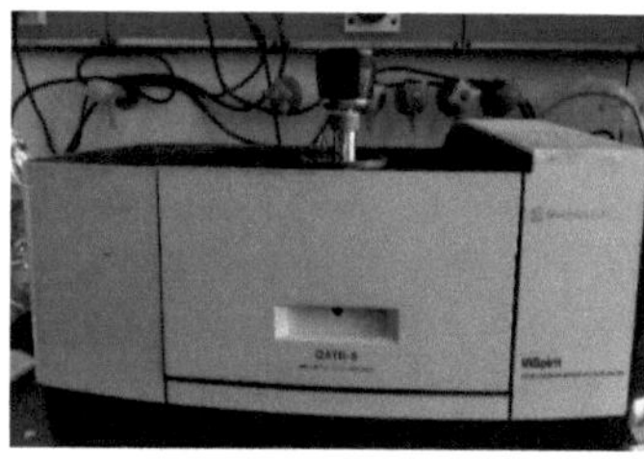

Figura II.5: Fotografia FTIR

II.3.3. Ensaios mecânicos

Foram efectuados ensaios de tração e de impacto para avaliar a resistência à tração e ao impacto dos compósitos, fornecendo informações essenciais sobre a sua resistência e durabilidade. Os provetes foram preparados utilizando uma prensa hidráulica CARVER Modelo 30-12H a uma temperatura de 200°C e uma pressão de 200 kg/cm². Este processo teve uma duração de 12 minutos, dos quais 7 minutos de pré-aquecimento e 5 minutos de compressão máxima, com duas fases de desgaseificação. Após arrefecimento ao ar livre durante 5 minutos, os provetes foram extraídos manualmente.

II.3.3.1. Ensaio de tração

O ensaio de tração é um dos ensaios mais frequentemente realizados, consistindo na aplicação de um campo de tensão de tração uniaxial uniforme a um provete a uma velocidade constante, enquanto se regista o alongamento resultante até à rutura do material. [5]

A partir das curvas força-alongamento, este ensaio permite determinar caraterísticas mecânicas fundamentais do material, como o módulo de elasticidade, a tensão na rotura (σr) e a deformação na rotura (εr). [6] Os ensaios de tração foram realizados à temperatura ambiente utilizando uma máquina ZWICKRoell, modelo 445, equipada com uma célula de carga de 10 kN, acoplada a um software de aquisição. Os ensaios foram efectuados a uma velocidade de deslocamento de 20 mm/min. Os provetes, com 2,00 mm de espessura e 5,00 mm de largura, foram posicionados verticalmente entre duas garras fixadas manualmente.

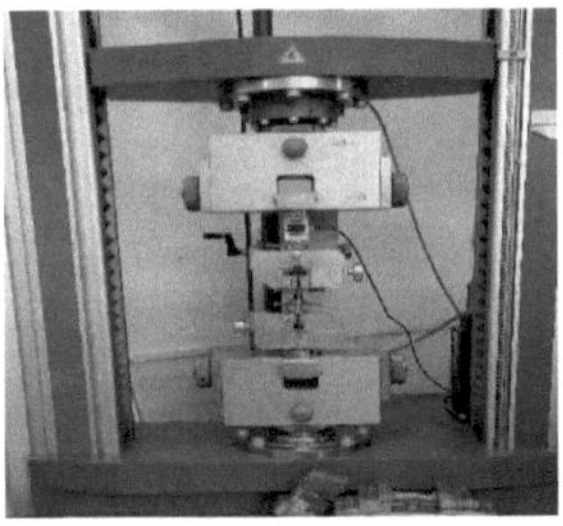

Figura II.6: Fotografia da máquina de tração

As curvas de força-alongamento obtidas foram utilizadas para determinar várias caraterísticas mecânicas fundamentais, incluindo a tensão de cedência, a tensão na rotura (σr) e o alongamento na rotura (εr).

a. Stress nas pausas

A tensão, que corresponde à força "F" aplicada a uma secção "S", é calculada de acordo com a seguinte fórmula

$$\sigma = \frac{F}{S} \qquad \textbf{(Eq. 2)}$$

Onde:

* σ: é a tensão (MPa) * F: é a força (N) * S: é a área da secção transversal do provete (m^2).

b. Módulo de elasticidade

O módulo de Young "E" (ou módulo de elasticidade) descreve a relação entre a tensão e a deformação na parte linear da curva tensão-deformação $\sigma = f(\varepsilon)$ É calculado de acordo com a seguinte fórmula:

$$E = \frac{\sigma}{\varepsilon} \qquad \textbf{(Eq. 3)}$$

Onde:

* E é o módulo de Young (MPa); ε é a deformação na rotura (%).

c. Deformação na rutura

A deformação na rotura é determinada pela seguinte expressão :

$$\varepsilon = \frac{\Delta L}{L} \qquad \textbf{(Eq. 4)}$$

Onde:

00* ΔL: é o alongamento, calculado como ΔL = L - L (mm); * L: é o comprimento inicial do provete (mm); * L: é o comprimento final do provete (mm).

II.3.3.2. Ensaio de resistência ao impacto (Izod)

O teste de impacto mede a energia total necessária para iniciar e propagar uma fenda num espécime padrão sob o efeito de uma força de impacto calibrada. Os testes foram efectuados utilizando uma máquina RESIL IMPACTOR. As amostras eram espécimes com entalhe em V com 0,5 mm de profundidade, 2,20 mm de espessura e 12,50 mm de largura.

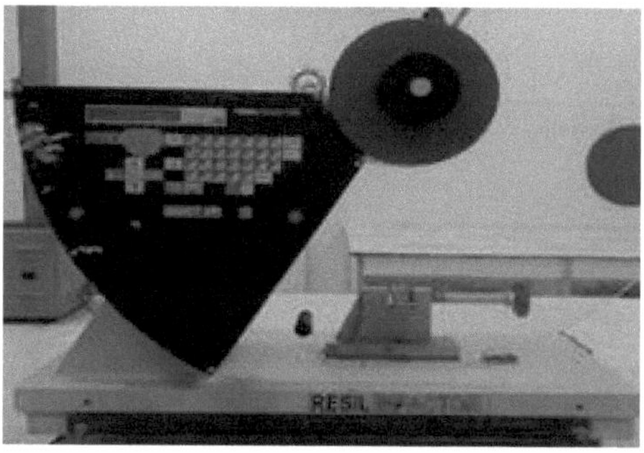

Figura II.7: Fotografia da máquina de choques

kA resistência ao impacto Izod dos espécimes entalhados "a " é calculada de acordo com a seguinte equação:

$$_k a = \frac{Ec}{(L-0.5).\ e} x\ 10^3 \quad \text{(Eq. 5)}$$

Com :

$_k c^*$ a: resiliência ao impacto (kJ/m^2); E: energia absorvida pelo provete na rotura em (J); e: espessura do provete em (mm); L: largura do provete em (mm).

II.3.4. Determinação da temperatura de amolecimento Vicat

A temperatura de Vicat, também conhecida como ponto de amolecimento de Vicat, é a temperatura à qual um polímero começa a amolecer sob uma carga específica quando aquecido a uma taxa de 120°C/hora. Esta temperatura é determinada pela observação da penetração de uma sonda circular no material, sujeita a uma carga definida, até uma profundidade de 1 mm. Normalizada por diretrizes como a ISO 306 e a ASTM D1525, esta medição é essencial para avaliar as propriedades térmicas dos polímeros. Fornece uma indicação crucial da temperatura máxima a que o material pode ser utilizado sob cargas pontuais de alta temperatura. [7,8] O ensaio foi efectuado numa máquina HDT/Vicat Ceast HV3.

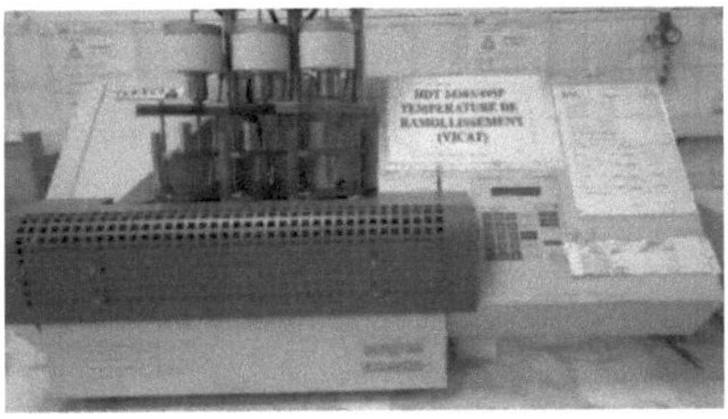

Figura II.8: Fotografia do aparelho de Vicat

Os provetes utilizados para este ensaio foram preparados nas mesmas condições que as utilizadas para os ensaios de tração e de impacto.

II.3.5. Estudo térmico: Calorimetria Exploratória Diferencial (DSC)

A DSC pode ser utilizada para medir as transições térmicas de um material, tais como a temperatura de transição vítrea (Tg), a temperatura de cristalização (Tc) e a temperatura de fusão (Tf), bem como o grau de cristalinidade e os sinais de degradação (queda do ponto de fusão). A técnica é rápida, económica e requer muito pouco material.

Neste trabalho, limitámo-nos a determinar a temperatura de fusão. Para caraterizar as amostras, foi utilizado um SETARAM DSC 131 EVO, com uma gama de temperaturas de 20°C a 450°C, uma taxa de aquecimento de 10°C/min e uma atmosfera de azoto com um caudal de 100 ml/min. A massa das amostras foi de 15 mg.

Figura II.9: Fotografia do DSC 131 EVO SETARAM

Protocolo experimental

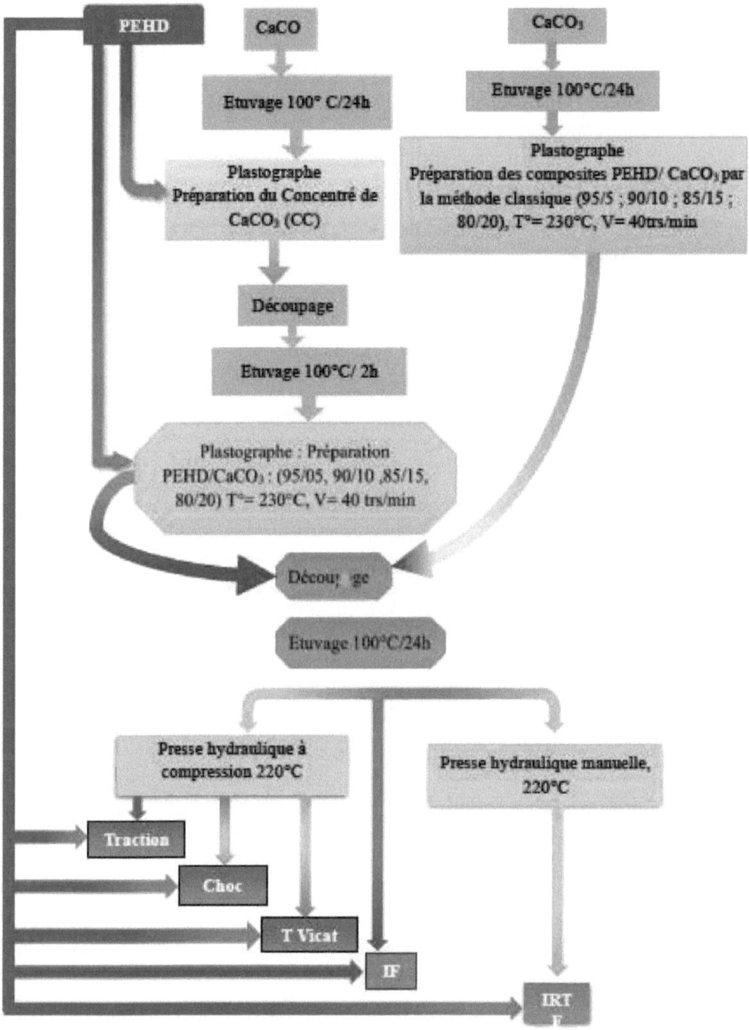

Figura II.11: Protocolo experimental (Preparação de misturas HDPE/CC)

Referências

[1]: Ficha de dados fornecida por Reverté SABIC® HDPE -F00950.

[2]: Ficha de dados fornecida por Reverté CARBONATOS DE CALCIOM.

[3]: G. YORO e G. GODO. "Les méthodes de mesure de la densité apparente". Cahiers Orstom Série Pédologie, vol. 25, 1990, pp. 423-429.

[4]: Termoplástico. "Qualidade e laboratório - TH-Extrusion. [em linha]. Disponível em: <https://th-extrusion.eu/fr>. (Acedido em 16/05/2024).

[5]: Norma ISO 179-3. "Plásticos - determinação das caraterísticas de impacto charpy - Parte 2, ensaio de impacto instrumentado, 1993.

[6]: F. ROUESSAC, A. ROUESSAC e D. CRUCHE. "Análise Química". 6^{eme}ed., Dunod, Paris, 2004.

[7]: Zwick Roell. "Temperatura de deformação sob carga HDT & Temperatura de amolecimento Vicat VST". [online]. Disponível em: <www.zwickroell.com>. (Acedido: 18/05/2024).

[8]: Analítica. "Determinação do ponto de Vicat em laboratório. [online]. Disponível em: <www.analytice.com>. (Acedido: 30/05/2024).

Capítulo III: Resultados e discussão

III.1 Resultados do índice de fluidez

- **$_3$Compósitos HDPE/CaCO preparados por ambos os métodos**

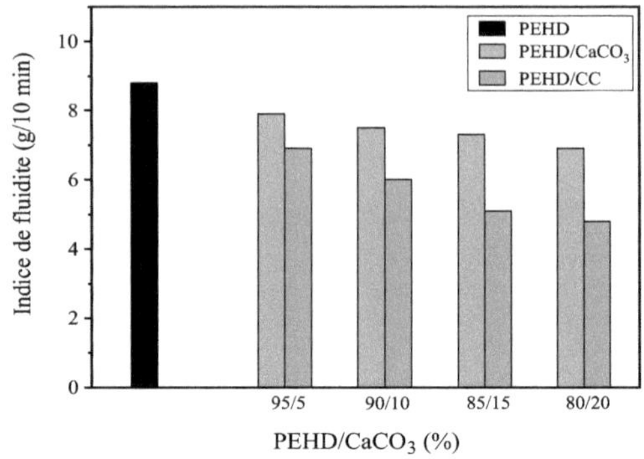

$_3$**Figura III.1:** Variação do índice de fluidez da massa fundida em função da percentagem de CaCO

A redução do índice de fluidez observado com o aumento da concentração de $CaCO_3$ indica que este último atua como carga, aumentando a viscosidade da mistura e dificultando o movimento das cadeias poliméricas, um fenómeno típico em compósitos. A interação entre o $CaCO_3$ e o polietileno de alta densidade (PEAD) pode também influenciar a estrutura da matriz polimérica, o que poderá ter consequências na dinâmica de escoamento do compósito.

Além disso, a diferença nos valores do índice de fluxo de fusão entre os dois métodos pode ser interpretada como uma consequência da melhor dispersão do material de enchimento dentro da matriz. A dispersão homogénea é crucial, uma vez que permite uma interação óptima entre o $CaCO_3$ e o HDPE, promovendo uma distribuição uniforme das tensões dentro do compósito. Isso também pode reduzir as áreas de concentração de tensão que, de outra forma, poderiam levar a defeitos durante o processamento. Como resultado, uma melhor dispersão pode contribuir para um maior aumento da viscosidade do compósito, afectando as suas propriedades mecânicas e físicas.

Para além disso, é essencial considerar que a viscosidade não depende apenas da concentração de carga, mas também da sua morfologia e tamanho. Partículas mais finas de $CaCO_3$ podem gerar uma maior superfície de contacto com o polímero, melhorando a dispersão e modificando o comportamento viscoelástico do compósito. [1]

III.2 Resultados da espetroscopia de infravermelhos com transformada de Fourier

III.2.1 Caracterização do PEAD

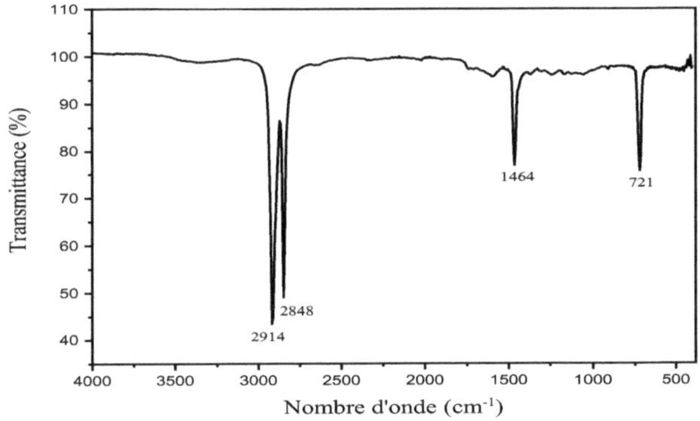

Figura III.2: Espectro de infravermelhos do PEAD

$_{2}^{-1-1-1}$As principais bandas caraterísticas do HDPE estão resumidas **na Tabela III.1**. Note-se a existência de duas bandas de vibração de alongamentos simétricos e assimétricos das ligações C-H do grupo -CH - alifático (2848- 2914cm), dois dupletos que se confundem entre si observados a 1472-1464 cm e 730-721 cm (Figura III.2).$^{-1-}$ ^{1}correspondentes à parte cristalina (1474 e 730 cm) e à parte amorfa (1464 e 720 cm).

Tabela III.1: Principais vibrações do PEAD

$^{-1}$Número de onda (cm)	Tipo de vibração
2914	ν (as) C-H
2848	ν (s) C-H
1464	δ C-H (fase amorfa)
721	γ C-H (fase amorfa)

Com :

- **ν:** vibração de alongamento ;
- **δ:** vibração de deformação ;
- **γ:** vibração de balanço.

III.2.2. ₃Caracterização do CaCO

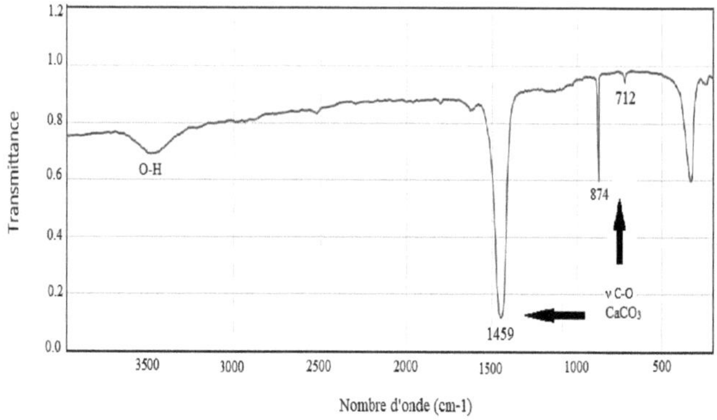

$_3$ **Figura III.3**: Espectro de infravermelhos do CaCO [2]

O carbonato de cálcio caracteriza-se pelos três modos de alongamento C-O do grupo carbonato, que se apresentam sob a forma de um tripleto constituído por :

$^{-1\ -1\ -1}$* Uma banda de absorção larga e intensa a 1,459 ou 1,462 cm ; * Uma banda fina e intensa a 874 cm ; * Uma banda fina e fraca a 712 cm .

III.2.3. $_3$Caracterização dos compósitos HDPE/CaCO e HDPE/CC

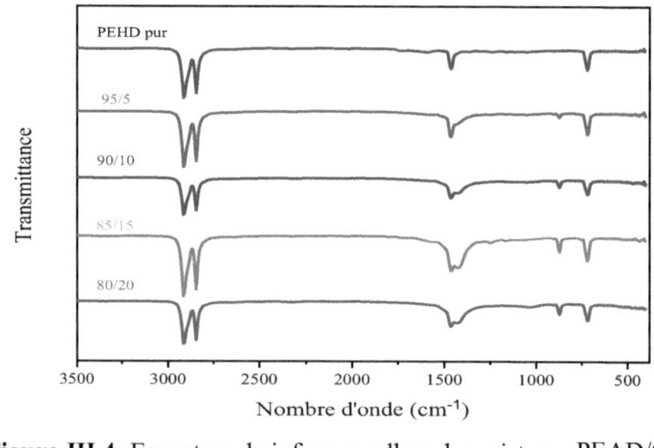

$_3$**Figura III.4**: Espectros de infravermelhos das misturas PEAD/CaCO

A análise dos espectros de infravermelho dos compósitos HDPE/$CaCO_3$, preparados por ambos os métodos, revelou que os espectros são completamente idênticos, sem diferenças assinaláveis. Assim, decidimos apresentar apenas os espectros dos compósitos obtidos pelo método (CC). A Figura III.4 mostra estes espectros no intervalo de 450 cm-^{1} a 3500 cm-^{1}, que parecem incluir todas as bandas caraterísticas associadas aos elementos constituintes dos compósitos. No resto do nosso trabalho, estes espectros serão examinados com mais pormenor em diferentes intervalos específicos.

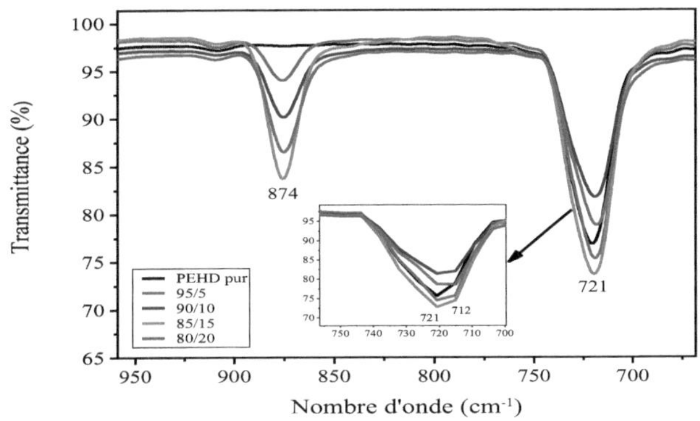

$_3$**Figura III.5**: Espectro de infravermelhos dos compósitos HDPE/CaCO

$^{-1}$na gama de 600 cm - 950 cm^{-1}

Como mostrado na Figura III.5, o espetro de infravermelho dos compósitos HDPE/$CaCO_3$ na faixa de 600 cm-^{1} a 900 cm-^{1} revela várias caraterísticas fundamentais. Uma banda distinta a 721 cm-^{1}, correspondente ao modo de balanço da ligação C-H na estrutura do HDPE, indica a preservação da matriz polimérica. Uma banda fraca em 712 cm-^{1}, associada ao $CaCO_3$, aparece apenas após o zoom nessa região específica. A adição de $CaCO_3$ ao compósito resulta no aparecimento de uma banda a 874 cm-^{1}, relacionada com o alongamento da ligação C-O do carbonato, cuja intensidade aumenta com a proporção de $CaCO_3$. Esta intensificação progressiva sugere uma boa dispersão da carga mineral e uma maior interação com a matriz, relembrando as observações de X. Zhang et al [3] no seu estudo FTIR sobre a dispersão de silicatos em camadas em nanocompósitos de polímeros. No seu caso, para as nanoargilas em polímeros, o aumento da intensidade e a deslocação das bandas FTIR indicaram uma melhor delaminação e integração. Da mesma forma, o deslocamento da banda em 874 cm-^{1} nos compósitos HDPE/$CaCO_3$ pode ser interpretado como um sinal de incorporação eficiente e homogénea de $CaCO_3$, fornecendo indicações da qualidade da distribuição e das interações moleculares dentro do compósito.

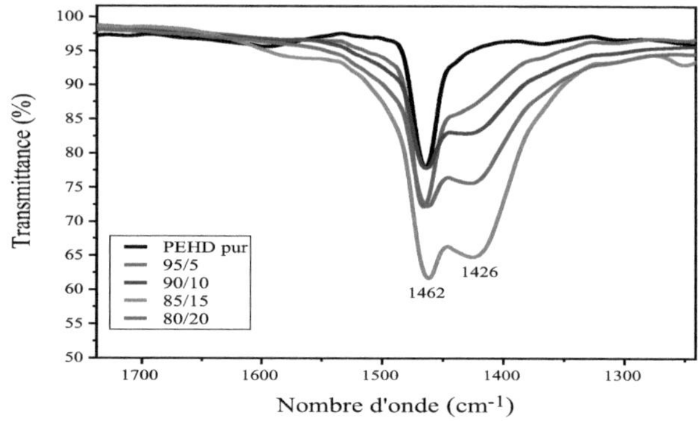

3

$^{-1}$**Figura III.6:** Espectros de infravermelhos dos compósitos HDPE/CaCO na gama 1250 cm -1750 cm^{-1}

Nesta região espetral, observa-se uma banda a 1462 cm-^{1}, correspondente à vibração da ligação C-H do HDPE. Para além disso, uma banda localizada a 1426 cm-^{1}, associada à ligação C-O do carbonato, vê a sua intensidade aumentar com o aumento do teor de $CaCO_3$.

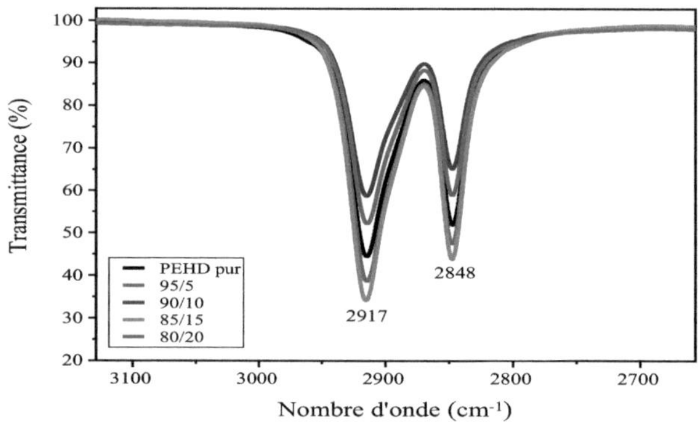

$_3$$^{-1}$ **Figura III.7:** Espectros de infravermelhos dos compósitos HDPE/CaCO na gama 2650 cm -3150 cm^{-1}

Nesta região espetral, as bandas caraterísticas das vibrações de alongamento simétrico e assimétrico das ligações C-H do grupo alifático $-CH_2-$ são claramente visíveis e permanecem inalteradas, sugerindo que a incorporação de $CaCO_3$ não altera a forma geral dos espectros de infravermelho. No entanto, uma sobreposição é observada entre 1400cm-[1] e 1470 cm-[1], onde as bandas de ligação C-H se sobrepõem às bandas de ligação C-O do carbonato. Esta sobreposição pode indicar uma boa dispersão do $CaCO_3$ na matriz polimérica, em concordância com as observações de X. Zhang et al. anteriormente citadas.

III.3 Resultados dos ensaios de tração

III.3.1. MÓDULO DE ELASTICIDADE Módulo de elasticidade

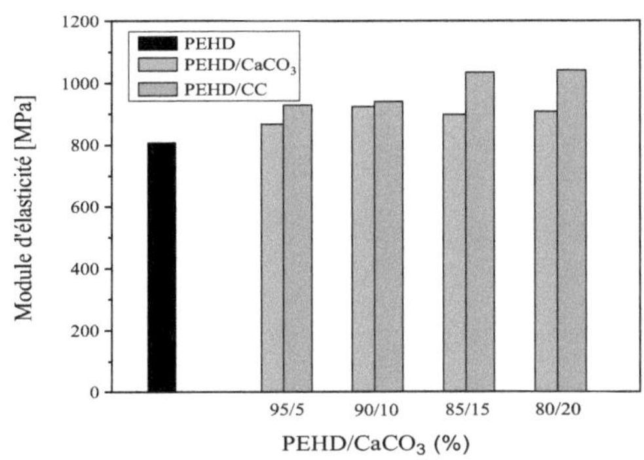

Figura III.8: Módulo de elasticidade em função da percentagem de $CaCO_3$

Esta curva revela que a adição de $CaCO_3$ aumenta significativamente o módulo de elasticidade dos compósitos HDPE/$CaCO_3$, indicando uma melhoria na rigidez do material. Isso é consistente com os comportamentos típicos de polímeros reforçados com carga mineral, onde a interface polímero-filtro contribui para limitar a deformação sob tensão. O aumento da concentração de $CaCO_3$ de 5% para 20% leva a uma rigidez progressiva, mas um efeito de saturação é observado em níveis elevados de carga (15% - 20%), sugerindo que o impacto adicional da carga na rigidez se torna marginal. Este patamar pode estar relacionado com a aglomeração da carga acima de um determinado limiar, o que limita a sua eficácia na matriz polimérica.

Comparativamente, os compósitos preparados a partir de concentrado de $CaCO_3$ (CC) apresentam módulos de elasticidade ligeiramente mais elevados do que os preparados pela adição direta de $CaCO_3$. Esta diferença pode ser explicada por uma dispersão potencialmente mais homogénea das partículas de $CaCO_3$ na matriz de HDPE graças à utilização de um concentrado. De facto, uma melhor dispersão minimiza as áreas de fraqueza e optimiza a transferência de tensão entre o material de enchimento e o polímero. Esta observação destaca a importância do método de preparação na otimização das propriedades mecânicas dos compósitos.

III.3.2. Tensão máxima

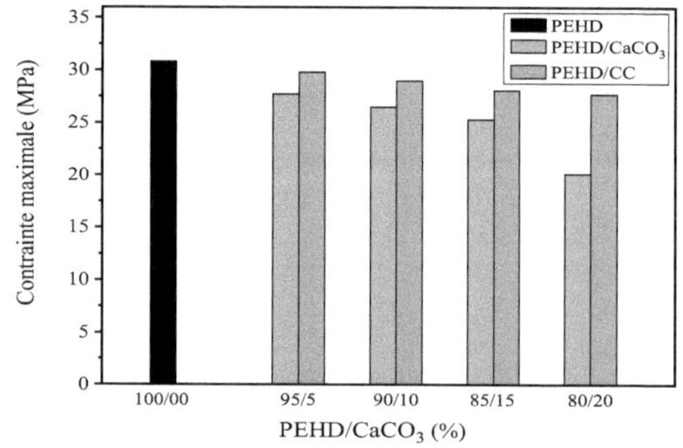

Figura III.9: Variação da tensão máxima em função da percentagem de $CaCO_3$

A curva ilustra que a incorporação de $CaCO_3$ nos compósitos HDPE/$CaCO_3$ resulta numa diminuição da tensão máxima, independentemente do método de preparação escolhido. Isso indica uma redução na resistência sob carga máxima à medida que a concentração de $CaCO_3$ aumenta. O HDPE puro apresenta a tensão máxima mais elevada, atingindo cerca de 30 MPa. Em contraste, a adição de $CaCO_3$ provoca uma diminuição progressiva desta tensão, particularmente acentuada nas concentrações de 15% e 20%. Esta diminuição poderá dever-se à aglomeração das partículas de $CaCO_3$, que introduz zonas de fraqueza na matriz do compósito.

III.3.3. Deformação na fratura

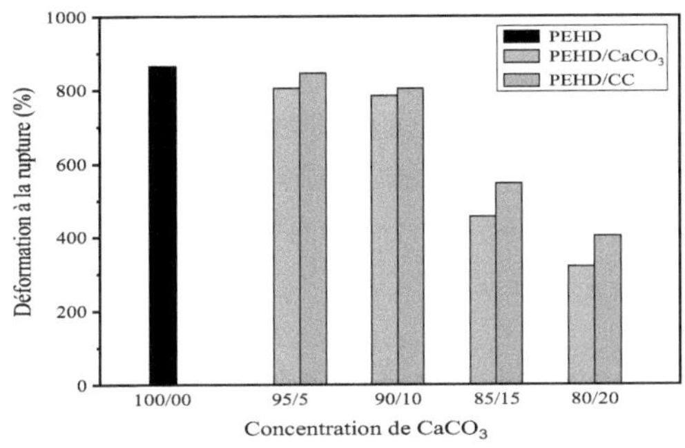

Figura III.10: Evolução do alongamento na rotura em função da percentagem de $CaCO_3$

A curva de deformação na rotura mostra que a adição de $CaCO_3$ ao HDPE diminui progressivamente a sua capacidade de deformação antes da rotura, o que é consistente com o aumento do módulo de elasticidade e a diminuição da tensão máxima observados anteriormente. O HDPE puro apresenta alta deformação na rutura, em torno de 865%, indicando boa ductilidade, enquanto a adição de $CaCO_3$ torna o material mais rígido e quebradiço, reduzindo sua capacidade de suportar alongamentos significativos. Em concentrações baixas (5% e 10%), a diferença entre os dois métodos de preparação (adição direta e $CaCO_3$ concentrado) é mínima. No entanto, a concentrações mais elevadas (15% e 20%), os compósitos preparados com $CaCO_3$ concentrado apresentam melhor deformação até à rotura do que os preparados por adição direta. Este melhor comportamento pode ser atribuído a uma dispersão mais homogénea das partículas de carga no caso do concentrado, limitando as zonas de concentração de tensão e atrasando o início da fratura. Em suma, a utilização de concentrado de $CaCO_3$ modera a perda de ductilidade induzida pela carga, permitindo assim otimizar o compromisso entre rigidez e resistência à fratura para os compósitos HDPE/$CaCO_3$.

Em conclusão, os testes de tração dos compósitos HDPE/$CaCO_3$ mostram que a adição de $CaCO_3$ aumenta o módulo de elasticidade, significando um endurecimento progressivo do material, mas reduz a tensão máxima e a deformação na rutura, indicando uma perda de ductilidade e fragilização do compósito. O uso de um concentrado de $CaCO_3$ facilita a incorporação da carga na matriz de HDPE, permitindo que o módulo de elasticidade seja aumentado sem comprometer significativamente as propriedades mecânicas em baixas concentrações de carga. No entanto, em concentrações mais elevadas, o efeito de fragilização torna-se inevitável, uma vez que a acumulação de $CaCO_3$ introduz zonas de fraqueza que reduzem a capacidade de deformação do compósito. Esses resultados destacam que, embora a adição de $CaCO_3$ melhore a rigidez dos compósitos de HDPE, isso ocorre às custas da resistência e ductilidade, e que o método de incorporação de concentrado pode gerenciar melhor esse equilíbrio dentro de certos limites de concentração.

III.4 Ensaio de resistência ao impacto (Izod)

De acordo com a Figura III.11, a resistência ao impacto permanece quase inalterada para as concentrações de 5% e 20%, enquanto que para as concentrações de 10% e 15% o material torna-se frágil.

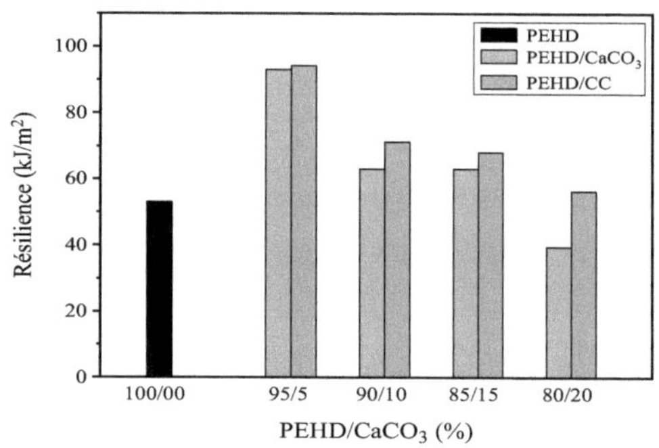

Figura III.11: Variação da resistência ao impacto em função do $CaCO_3$

A incorporação de $CaCO_3$ na matriz de HDPE pelo método concentrado (CC) atinge um pico de resistência ao impacto a 5% de carga, com um valor de 94,2 kJ/m², marcando uma melhoria significativa em relação ao HDPE puro (53 kJ/m²). Embora se observe uma diminuição gradual da resistência acima de 5%, os valores permanecem mais elevados do que os do PEAD puro. Um comportamento semelhante é observado para os compósitos preparados por adição direta, onde a resistência ao impacto também atinge um máximo a 5%, depois diminui gradualmente, permanecendo superior à do PEAD puro até 15%. Acima dessa concentração, observa-se uma queda acentuada para 39,52 kJ/m², o que poderia indicar a formação de aglomerados. Esses resultados sugerem que, embora o desempenho mecânico diminua acima de 5%, o compósito mantém propriedades satisfatórias mesmo em altos teores de $CaCO_3$. A eficiência da dispersão e a interação favorável entre a matriz polimérica e a carga, particularmente com o método CC, contribuem para esta melhoria.

III.5. Resultados do ensaio de Vicat

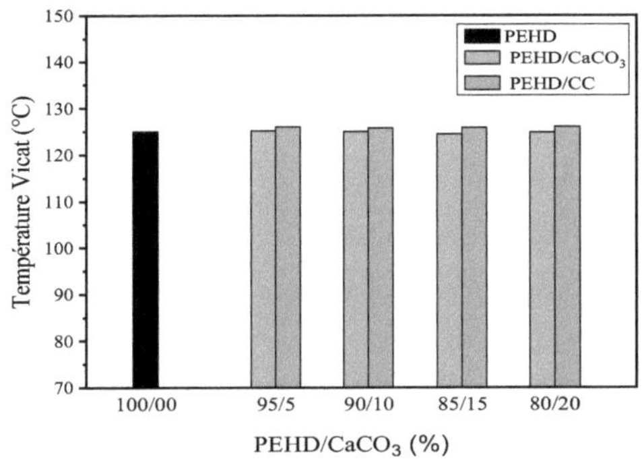

Figura III.12: Variação da temperatura de Vicat em função da concentração de $CaCO_3$

A adição de $CaCO_3$ aos compósitos HDPE/$CaCO_3$ causa um ligeiro aumento na temperatura Vicat, variando de 124,5°C a 126°C, mesmo com proporções de $CaCO_3$ de até 20%. Este aumento é modesto e relativamente estável, independentemente do método de preparação. Ambos os métodos apresentam resultados semelhantes, sem diferenças significativas. Estas observações sugerem que a incorporação de $CaCO_3$, independentemente do método escolhido, não afecta substancialmente a resistência térmica dos compósitos de HDPE, permitindo assim que a estabilidade térmica seja mantida próxima da do HDPE puro (125°C).

III.6. Resultados DSC

Tabela III.2: Influência do método de preparação nas temperaturas de fusão Compósitos HDPE/$CACO_3$

Composição PEAD/$CaCO_3$ (%)	Temperatura de fusão (°C) Método Concentrado (CC)	Temperatura de fusão (°C) Método direto
PEAD puro	145	145

95/5	145	145
90/10	147	145
85/15	148	142
80/20	148	146

Os resultados de DSC mostram que a temperatura de fusão dos compósitos HDPE/$CaCO_3$ depende do método de incorporação de $CaCO_3$. Para baixas concentrações (5%), a temperatura de fusão permanece constante em 145°C para ambos os métodos, indicando uma influência insignificante na estrutura cristalina do HDPE. No entanto, a partir de 10% de $CaCO_3$, surge uma diferença: o método concentrado (CC) leva a um aumento progressivo da temperatura de fusão (até 148°C a 20% de $CaCO_3$), enquanto o método direto apresenta menor estabilidade, com uma ligeira diminuição para 142°C a 15% de $CaCO_3$. Esta diferença sugere que a incorporação por concentrado promove uma dispersão mais homogénea e uma melhor compatibilidade entre o $CaCO_3$ e o HDPE, melhorando assim a estrutura cristalina e a estabilidade térmica do compósito. Em comparação, o método direto poderá resultar numa dispersão menos eficiente, criando heterogeneidades na matriz polimérica, o que afecta a temperatura de fusão a altas concentrações de $CaCO_3$.

Referências

[1] : F. MOREL. "Compreensão dos fenómenos interfaciais em compósitos à base de cargas de carbonato de cálcio precipitado: influência do tratamento de superfície e do método de processamento". Tese de doutoramento, Universidade de Lyon, França, 2010, 290 p.

[2] : Nist. "Carbonato de cálcio". [em linha]. Disponível em: < https:// webbook.nis (Acesso em: 30/06/2024).

[3] : X. ZHANG, S. BHUVANA, L. S. LOO. "Caracterização da dispersão de silicato em camadas em nanocompósitos de polímero usando espetroscopia de infravermelho com transformada de Fourier". Journal of Applied Polymer Science, Vol.125, 2012, pp.175-180.

Conclusão geral

Conclusão geral

Em conclusão, os resultados experimentais obtidos para os compósitos HDPE/$CaCO_3$ preparados por dois métodos distintos (adição direta e concentrada de $CaCO_3$) revelaram várias tendências significativas relativamente às suas propriedades mecânicas, de fluxo e de interação molecular, bem como às suas caraterísticas térmicas.

A adição de $CaCO_3$ resultou num aumento da viscosidade do compósito, como indicado pela redução do índice de fluxo de fusão com o aumento da carga mineral. Este fenómeno, devido ao efeito de reforço da carga, mostra como o aumento da concentração de $CaCO_3$ leva a uma maior resistência ao escoamento do material, típica dos compósitos reforçados com carga. A dispersão da carga na matriz polimérica é também um fator chave, uma vez que influencia a dinâmica do fluxo e a distribuição de tensões, reduzindo as zonas de concentração de tensões e melhorando as propriedades mecânicas globais.

Os espectros de infravermelho mostraram que a interação entre o PEAD e o $CaCO_3$ é eficaz, sem modificação significativa da estrutura polimérica. Variações de intensidade em bandas caraterísticas, como as da ligação C-O do $CaCO_3$, evidenciaram uma boa dispersão da carga e interações ótimas entre o carbonato e o polímero, favorecendo a integração homogénea dos componentes e, consequentemente, um compósito mais robusto.

Os ensaios mecânicos confirmaram o impacto do $CaCO_3$ nas propriedades do compósito. O aumento do módulo de elasticidade, embora benéfico em termos de rigidez, foi acompanhado por uma diminuição da tensão máxima e da deformação na rutura. Estas tendências sugerem que, embora se observe um reforço, a introdução de $CaCO_3$ também leva à fragilização do material, especialmente em altas concentrações de carga. No entanto, a utilização de concentrado de $CaCO_3$ limitou este efeito de fragilização, em particular ao assegurar uma melhor dispersão da carga, optimizando assim o equilíbrio entre rigidez e resistência à fratura. Este fenómeno é particularmente notável para concentrações de $CaCO_3$ inferiores a 15%, onde a incorporação por concentrado permite preservar uma boa ductilidade e reduzir a perda de desempenho mecânico.

Os resultados térmicos obtidos por DSC revelaram que a temperatura de fusão dos compósitos depende do método de incorporação de $CaCO_3$. Para baixas concentrações de $CaCO_3$ (5%), a temperatura de fusão permanece estável em 145°C para ambos os métodos. No entanto, a partir de 10% de $CaCO_3$, uma diferença tornou-se aparente: o método concentrado leva a um aumento gradual da temperatura de fusão, atingindo 148°C a 20% de $CaCO_3$, enquanto o método direto mostra menos estabilidade com uma ligeira diminuição da temperatura de fusão para 142°C a 15% de $CaCO_3$. Isto indica que o método concentrado promove uma melhor dispersão do $CaCO_3$, melhorando a estrutura cristalina e a estabilidade térmica dos compósitos.

Em relação à temperatura de Vicat, a adição de $CaCO_3$ provocou um ligeiro aumento nesta temperatura, variando entre 124,5°C e 126°C, independentemente do método de preparação. Este modesto aumento sugere que a incorporação de $CaCO_3$ não afeta significativamente a resistência térmica dos compósitos de PEAD, mantendo assim uma estabilidade térmica próxima à do PEAD puro.

Por fim, os resultados obtidos nos ensaios de resistência ao impacto completam esta análise, pondo em evidência a forma como os compósitos reagem às cargas dinâmicas. Mostram que o método de preparação desempenha um papel essencial na otimização das propriedades mecânicas, em particular a capacidade de manter uma boa resistência ao impacto apesar do endurecimento do compósito.

No geral, estes resultados sugerem que o método de concentrado de $CaCO_3$ tem vantagens significativas, particularmente no que diz respeito à dispersão de carga, estabilidade térmica e o equilíbrio entre rigidez e desempenho mecânico. Isto permite a conceção de compósitos HDPE/$CaCO_3$ que são mais homogéneos e mais adequados para aplicações que requerem propriedades mecânicas optimizadas e boa resistência térmica.

Perspectivas

Perspectivas

Como parte das perspetivas deste trabalho, seria interessante complementar a análise dos compósitos HDPE/$CaCO_3$ com estudos térmicos aprofundados, nomeadamente por calorimetria diferencial de varrimento (DSC) e termogravimetria (TGA). Estas técnicas permitiriam uma melhor caraterização das propriedades térmicas, da estabilidade e da degradação dos compósitos, fornecendo informações sobre as temperaturas de fusão, de transição e de degradação térmica. Além disso, uma análise mais detalhada da dispersão do $CaCO_3$ na matriz polimérica poderia ser realizada utilizando a microscopia eletrónica de varrimento (SEM). Esta abordagem ofereceria uma melhor compreensão da interação entre o polímero e o material de enchimento, bem como permitiria o exame de possíveis áreas de fraqueza ou concentração de tensões em superfícies fracturadas após testes mecânicos.

Além disso, as simulações e a modelização das propriedades mecânicas e térmicas dos compósitos PEAD/$CaCO_3$ poderiam fornecer previsões do seu comportamento em diferentes condições de utilização, optimizando simultaneamente a formulação dos materiais de acordo com os requisitos das aplicações industriais. Por último, seria relevante avaliar o impacto ambiental dos compósitos, nomeadamente através da análise da sua reciclabilidade e biodegradabilidade. Isto permitiria determinar se estes materiais podem responder às crescentes exigências de sustentabilidade e de conceção ecológica, oferecendo soluções mais respeitadoras do ambiente para aplicações em grande escala.

MIX
Papier aus verantwortungsvollen Quellen
Paper from responsible sources
FSC® C105338

Printed by Books on Demand GmbH, Norderstedt / Germany